淇淇的超简单幸福甜点

简单烘培·一学就会

♥ 詹淇淇◎著

中国画报出版社
CHINA PICTORIAL PUBLISHING HOUSE

图书在版编目（CIP）数据

淇淇的超简单幸福甜点 / 詹淇淇著. -- 北京：中国画报出版社，2014.3
ISBN 978-7-5146-0981-3

Ⅰ．①淇… Ⅱ．①詹… Ⅲ．①糕点－制作 Ⅳ．①TS213.2

中国版本图书馆CIP数据核字(2014)第043704号

版权合同登记号：01-2014-3890

淇淇的超简单幸福甜点

出 版 人：田　辉
编 著 者：詹淇淇
责任编辑：张光红
出版发行：中国画报出版社
　　　　　（中国北京市海淀区车公庄西路33号，邮编：100048）
电　　话：010-88417359（总编室兼传真）010-88417409（版权部）
　　　　　010-68469781（发行部）010- 88417417（发行部传真）
网　　址：http://www.zghbcbs.com
电子信箱：cpph1985@126.com
经　　销：新华书店
海外总代理：中国国际图书贸易集团有限公司
印　　刷：北京彩虹伟业印刷有限公司
监　　制：焦　洋
开　　本：889mm×1194mm　1/24
印　　张：7
版　　次：2014年5月第1版　2014年5月第1次印刷
书　　号：ISBN 978-7-5146-0981-3
定　　价：32.00元

作者序 PREFACE

淇淇精神超简单 世界冠军也要学

淇淇是一个对烘焙甜点有着相当热情的女孩，喜欢研究各种新口感、新口味，并不断亲自试做，找出最简单又不容易失败的制作步骤，进而出书与众人分享。专业烘焙人士的盲点之一，便是很难用最简单明了、一般读者容易看得懂的方法去呈现食谱，然而淇淇非科班出身，不但能站在读者的角度去思考、试验，还谦虚地请大家帮忙试吃，经过种种努力，省时、省力又美味的甜点食谱就诞生了！

年轻的淇淇从对制作甜点的兴趣出发，慢慢发展累积而成为"创意过生活"节目的甜点达人，单纯的兴趣转成了专业，这样执着认真的精神非常值得学习。

有一次跟淇淇聊天，我很好奇她身为特教老师，同时身兼其他职务，还要教学生跳啦啦队操，便问她："你怎么还有时间研究甜点？"

淇淇笑着回答："想做就会有时间，我太爱吃甜点了，吃到好吃的甜点就会非要想办法破解不可。"

淇淇常会研究甜点直到半夜，对我们烘焙师傅来说，晚上10点以后，大脑就呈现休眠状态了，哪还会有精神研究。更厉害的是，老师身份让她每天早上6点就得起

淇淇的
超简单幸福甜点

作者序 PREFACE

床，只睡不到5个小时，几乎等同于我还是烘焙学徒时的生活了，然而淇淇却把特教老师和甜点达人两种角色都扮演得很称职，我真的很佩服她。

我很高兴能先睹为快淇淇的新作——《淇淇的超简单幸福甜点》。书中共介绍了35道兼具美味与造型的甜点，处处都能看得到淇淇的温柔与用心。"这样做超简单"和"淇淇的成功Tips"单元，亲切地叮咛读者制作过程中该注意的地方，以及如何做出最美味的口感。对烘焙初学者来说，这是非常实用的提醒与秘诀分享。让大家都能第一次做甜点就成功，大大增加自己动手做甜点的信心与乐趣。这对只会做面包不会做甜点的我，也真的具有相当大的吸引力！

世界面包大师赛冠军

淇淇的超简单幸福甜点　享受超有福的味觉五感

　　26岁的青春肉体里，住着一位心思超细腻、编织城堡美梦的双鱼座女生，丰沛的想象力与创造力，领航了淇淇与众不同的甜品人生。

　　淇淇并非学有专精的烘焙达人，在她的甜品创作中，第一眼看似艰深难懂，其实都已是她化繁为简、去芜存菁的精彩杰作。读者只要按表上课，就能像淇淇一样做出梦幻般的甜点逸品，让人爱不释口。

　　尤其淇淇的作品中，没有科班教条出身的匠气，反倒意外挑逗了不少老饕们的味蕾！淇淇靠的是自学摸索的烘焙艺术，从而得到众人青睐。

　　诚如淇淇所说的，对新时代的人而言，新、速、实、简才是王道。对讲究五感美味的现代人，享受甜品的环境氛围（即感觉）、盛装甜品的器皿（即触觉）、享用甜品的乐音（即听觉）、扑鼻而来的气味（即嗅觉）、赏味过程的精心创意（即味觉）都是缺一不可的生活元素。少了五感的帮衬，再美味的甜品也总觉得少了兴味。

　　在充斥着添加物与速成剂的今天，淇淇的甜品反倒有一种返璞归真的真味儿，也不难让人想象淇淇是一位天真烂漫又多情的人。诚如我常在演讲中提到的"味能，就是苏活身心灵！"而烘焙者多数就是柔情似水的人，因为他们必须小心翼翼地唤醒沉睡中的面团，与鲜奶油吴侬软语，才能烘焙出令人赏心悦目，眼前为之一亮的极品佳作。

　　我想，淇淇真的做到了！

美食评论家 费奇

作者序 PREFACE

超简单超幸福甜点与你分享

　　这本书的出现大概又是我人生中的另一个奇迹了！我很幸运，在生命的每个阶段里都能遇上可遇而不可求的机会，能够将兴趣写成一本书，将最爱的事分享给更多喜欢品味甜点、热爱制作甜点的亲爱读者。

　　甜点可以说是我生活的一部分，就像滋润心情的甜蜜糖果一般，将每天的喜怒哀乐转化成口中的酸甜香醇，在品尝这些手做蛋糕的同时忘却烦恼，在巧克力和焦糖交织的合奏曲中与人共享，进而发现生活事物的美好，我想这就是甜点最棒的魔力。

　　回想几年前的我，刚从部落格（博客。编者注）发迹，当时匆匆忙忙地赶着跟上手写部落格的潮流，在流通世界的网络平台上经营着自己的小小厨房，分享信手拈来的简单点心、抒发心情文字，也不忘放上美味点心的照片和发挥所学设计的小小插图。光是如此，就让我每天的生活因为有了点心而感到好满足。

　　生活中的幸福其实很简单，快乐因为做喜欢做的事、品尝着喜欢吃的东西、说着喜欢的话题、分享喜欢的事物而存在。我的幸福则来自这些五彩缤纷的点心和它们蕴含的故事，因为在每一块蛋糕或饼干的制作背后的精彩过程，往往更令我印象深刻。

　　常听到许多第一次接触烘焙甜点的人因担心不懂材料、制作过程太难、没有经验或者容易失败，在心里就先将烘焙甜点自我设限为不可能完成的任务。其实做点心简单得很，只要用熟悉的材料和器具，轻松搅拌与烘烤，就能做出如糕饼店橱窗陈设的美味又诱人的各式点心。

我最尊敬的吴宝春师傅曾对我说，点心好吃的关键在于"用心"，当你全神贯注对待即将出炉的成品时，个中滋味才是最让人感动的。的确，即使材料朴实又简单，认真投入的那股烘焙香，才称得上是全世界最幸福的味道。

《淇淇的超简单幸福甜点》特别将甜点制作步骤按部就班一一列出，并附上详细的制作重点与我的制作坚持，让读者在自己动手的过程中绝对不会失败；许多超简单的材料与做法在书中也会完整呈现与提醒。看着这本书的你，只需要拿出信心，就能亲手做出令人赞叹的点心！那么，你是不是也准备好开始动手做属于自己的幸福甜点了呢？

最后，我要感谢太多帮助我的人，一路相挺的宝春师傅、亲爱的Rita姐与月亮、摄影师阿威、出版社辛苦的工作人员、Jacky大哥，以及我的家人、亲朋好友和一路支持我的书迷们，希望这本书的诞生，能带给生活更多甜蜜与乐趣，让做点心从此超简单啰！

目 录 CONTENTS

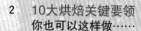

PART 2

布丁、果冻、冰凉点心
夏日，艳阳热情
挥汗之余，享受沁凉甜点
烦躁瞬间消逝无影……

目 录 CONTENTS

PART 3
派、塔、饼干
初秋，枫叶转红
斜阳一抹，宛如金光色泽的脆饼
营造出幸福满怀的意境来……

PART 4

甜甜圈、泡芙、巧克力、面包
冬藏，万物丰收
团圆时刻，共享巧克力的浓郁
简单的欢乐唾手可得……

10大烘焙关键要领

一、奶油室温软化

如果早就安排好什么时候要做点心，请提早将奶油拿出来解冻，放置室温中软化。软化时间依室内温度而定，夏天约30分钟，冬天约90分钟。软化到以手指能轻易压出凹陷的程度。如果没有那么多时间，可以把奶油切成小块，如此可以加快软化速度。特别要注意的是，奶油软化非融化，还是需要奶油仍保持乳白色的固体状态！

二、烤箱预热

烤箱一定要事前预热，确保要烘烤的半成品在放进去前达到一定的温度。这样可以避免已经拌好的面糊因等待烤箱的温度而消泡，一方面也让烘烤的点心能受热均匀，成功做出好吃的点心。

预热的方法：在制作点心之前，依照食谱所标示的温度，将火温调整到所需的烘烤温度，待烤箱上的红灯熄灭，表示已达到预热温度，就可以把点心放进去烤！

三、备齐材料与器具

开始制作前，清点一次所需的材料与器具，避免在制作过程中才发现食材没了，或者缺了烤模、少了器具，还得临时暂停补买材料，若遇到必须立即烘烤的面糊，可能因此影响质量。将材料点齐，可以说是成功的第一步。

四、粉类过筛与底纸裁剪

食谱中有清楚标明必须将粉类材料过筛的部分，请务必先进行过筛，这样能让点心外观及口感更佳；有些模具需要铺垫圆形或方形的底纸，以利出炉脱模，可将模具底部对齐烘焙纸，以笔画出形状后，再行裁剪。

五、有规则地混合材料

材料的混合有其既定的顺序，依照食谱步骤混合材料，一项拌匀了再加入另一项，避免一股脑儿全部加入，这样才不会因拌不匀而导致失败，在制作甜点的过程中，这是相当重要的。

六、隔水加热

千万别急着将食材放在炉火上加热，无论需要融化的是奶酪、巧克力还是奶油，都需要花些时间利用隔水的方式来加热，太强及太高的火温直接碰触食材，皆易导致变质。

隔水加热的方法：将材料切成小块或切碎，置入小碗内，再放入锅中隔着热水加热，若内碗的材质是不锈钢，效果会非常好，瓷器或玻璃碗也是可以的。

淇淇的
超简单幸福甜点

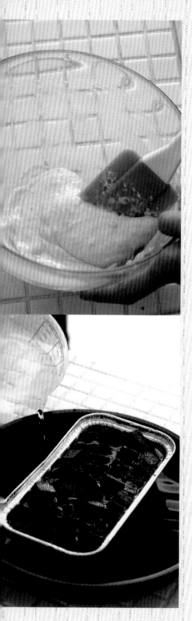

七、蛋液分次加入

制作点心时，常常遇到将蛋液拌入打发奶油中的步骤，这时需要将蛋液分次缓缓加入，拌匀了再加进剩下的蛋液，确保蛋液完全被奶油吸收。若添加速度太快，可能让面糊呈现颗粒状及油水分离的情况。这时也有补救的方法，可先加一些分量内的面粉混合，让面糊变稠，再继续加蛋液，当然这样的情况能免则免。

八、刮刀正确搅拌

大部分的粉类材料加进面糊后，必须改以刮刀拌和，因为打蛋器的过度搅拌容易让面糊出筋，影响口感。拌面糊时，可以将刮刀沿着容器边缘与底部由外往内轻轻拌和，且注意避免拌太久，若让打发的面糊气泡消失，烤出来的蛋糕自然不蓬松。

九、水浴法

亦称隔水加热烤法、蒸烤法，一般常用在烤布丁或奶酪蛋糕时，可以让边缘部分受热缓和，质地和口感会更好，但相对来说，烘烤时间也会加长。

水浴法：取一个比蛋糕模稍大的深烤盘，装约五分满的热水，将蛋糕模放置其中，送进烤箱烘烤即可。但要注意的是若用活动底模，水容易渗进蛋糕里，必须加一至二层铝箔纸包覆住底部来防水。

十、制作技巧大公开

◆融化巧克力

1.将巧克力切至细碎备用。

2.烧半锅热水，将巧克力另外放入耐热的小碗中，再将小碗置于热水中。

3.边搅拌边注意水的温度，看到锅边冒泡后立即熄火。

4.用余热继续融化巧克力，注意在这个过程中不要让外锅的水跑进碗里，否则会破坏巧克力的成分和味道。

小叮咛

融化巧克力最适合的温度是60℃～65℃，温度太高会变质、变硬，无法恢复原貌，所以必须小心控制热水的温度。

◆蛋白打发

1.蛋白与砂糖混合，以搅拌器打至白色发泡。

2.提起搅拌器，如果蛋白尖角柔软向下，即是湿性发泡。

3.提起搅拌器，如果蛋白尖角向上直立，且变得坚硬，就是干性发泡，大部分的蛋糕类需要打发至干性发泡的程度。

小叮咛

蛋白常会加砂糖一起打发，是因为砂糖有帮助蛋白膨发和稳定的作用，所以不可以任意减糖喔！

你也可以这样做……

一、用塑料袋代替挤花袋

若无挤花袋，可用干净的塑料袋、三明治袋来替代。只需将面糊或鲜奶油塞在尖角处，束口绑紧固定，斜向剪开尖端一小角，就是简易的挤花袋了。

二、用叉子代替打蛋器

不是每样点心都得用打蛋器搅拌，如果不是特别要打发的材料，拿一把叉子或一双筷子，就能把材料搅拌均匀，例如白巧克力布朗尼和柠檬玛德蕾妮，就可以使用这种方法，非常简便。

三、用纸卷筒代替擀面棍

餐巾纸、保鲜膜用完先别急着丢掉中间的纸卷，坚固的圆筒状造型可以临时当擀面棍使用。

四、用微波炉代替隔水加热

隔水加热的适用范围很广，也是比较保险的方法。如果只需加热液体，亦可以用微波炉来加热，速度较快。但巧克力、奶酪类因其不耐高温的性质，还是建议以隔水方式加热较好。

20大必备器材

一、量匙&量杯

　　量匙是容积的单位，有时候分量很少，用磅秤量不出来，就会使用量匙来计算。量匙依大小可以分为最常见的四种（小匙＝茶匙）：1大匙（15毫升）、1小匙（5毫升）、1/2小匙（2.5毫升）、1/4小匙（1.25毫升）。一个量杯的容量则是240毫升，通常用来盛装牛奶、水等液体，方便操作。

哪里买呢？
五金店、日用百货店、烘焙材料店、超市等。

二、磅秤

　　主要用来称量材料的重量克数，市售的磅秤有弹簧秤与电子秤两种。通常使用电子秤可以将材料称得较准，也不用花时间去数刻度。如果没有电子秤，又是偶尔才做点心，五金店或烘焙材料店都可以买到便宜的小弹簧秤，非常适合做少量点心使用。

哪里买呢？
五金店、日用百货店、烘焙材料店、超市等。

三、网筛&滤网

　　网筛通常用来过筛面粉或其他粉类，防止粉类材料结块，影响口感。滤网则用在过滤未烤的布丁液，或装饰糖粉和可可粉。最好备有大小各一支，大的可以作为液体过滤用，小的可以方便洒糖粉装饰，皆非常实用。

淇淇的
超简单幸福甜点

哪里买呢？
五金店、日用百货店、烘焙材料店、超市等。

五、电动搅拌器

　　电动搅拌器在打发奶油或蛋白的时候非常便利，也几乎是制作奶油蛋糕、戚风蛋糕的必备器具，快速又省力，亦可以代替打蛋器使用。只是如果不常做点心，是不是需要马上添购，不妨考虑一下，或许先从步骤简单又不需要这类工具的点心开始，等熟练了再来挑战难度较高的，也是不错的选择。

哪里买呢？
电器店、日用百货店、烘焙材料店等。

六、刮刀

　　刮刀能均匀又轻巧地拌和材料，不会让面糊中的气泡消失，烤出来的蛋糕都能维持细致的质地。边缘弧形的设计是为了让刮面贴紧容器，能够将面糊刮得一点也不剩。我常将刮刀变成多用途的器具，拌面糊、抹奶油、拌色拉样样都可以，真的是厨房里的好帮手。

哪里买呢？
五金店、日用百货店、烘焙材料店、超市等。

七、擀面棍

　　准备一支擀面棍能让擀面皮或擀面团事半功倍，可以用纸巾的中空卷筒，或直立玻璃瓶来代替，效果一样喔！

哪里买呢?
五金店、日用百货店、烘焙材料店、超市等。

八、烤盘纸

　　为白色半透明的光滑纸,烘焙材料店或超市都可以买得到,一般也称为"烘焙纸"或"万用料理纸"。这种纸用途非常多,有时铺在蛋糕底部,或是烤饼干前垫一张在烤盘上,不沾不黏,轻轻松松就能将成品取出。

哪里买呢?
超市、烘焙材料店等。

九、蛋糕模

　　蛋糕模种类太多了!方形、圆形、长条形、烟囱形和其他可爱的造型,都可以做出有趣的蛋糕。做点心没有特别规定,只要选择喜欢且适用的模型即可。像生日蛋糕,多半用圆形来做变化;奶油类蛋糕或布朗尼,则适合用方形或长条蛋糕模;特殊节日还有造型特别的蛋糕模,都很吸引人。中空脱底的烟囱形蛋糕模则适合烘烤戚风蛋糕,只需要从下面往上一推,就能轻松取出。

哪里买呢?
烘焙材料店、日用百货店、超市等,每个地方的蛋糕模种类都不太一样,有时候像是碰运气,有挖宝的乐趣。

十、纸模＆派塔模

如果做出来的点心要送礼，总不能连同金属模容器一起送人，这时候有个可爱的小纸杯模，或方便的一次性的铝箔模型，就简单多了，不仅增加包装的小趣味，也让点心看起来更可口。我喜欢包装自己的成品，就像亲手做的手工艺品一样，送人也很有成就感，附上透明玻璃纸，绑条缎带，写张卡片，心意十足没的比。

塔模则多为不锈钢制的浅盘型，用来制作塔类点心。使用前先在表面涂油洒粉，可使成品在烤好后轻松脱模。

哪里买呢？
烘焙材料店、超市等。

十一、饼干模具

饼干模的样式千百种，可选择自己喜欢或特别的造型来使用，初学者则建议先选用形状简单的模具。压印面皮前可先沾少许面粉，再以手掌垂直往下压，即可以压出边缘漂亮又完整的图形。

哪里买呢？
日用百货店、烘焙材料店等。

十二、硅胶模

耐热温度可达220℃以上，通常用来烤蛋糕面糊，或制作果冻、巧克力产品，因为材质软，脱模时很方便，成品也较能维持完整的形状。近几年来硅胶模非常风行，也有多种不同造型可供选择。

哪里买呢？
烘焙材料店、大型超市等。

十三、叉子和汤匙

　　做点心也需要叉子和汤匙吗？是的，需要。因为在搅拌的过程中，常常可以用一把叉子拌和面糊，舀面糊的时候也能以汤匙盛装倒进模型中。叉子更可以在面皮上压出漂亮的造型，或在烘烤派、塔类点心时，利用叉子在面皮底部戳洞烘烤，避免塔皮过度膨胀。

哪里买呢？
五金店、日用百货店、超市等。

十四、分蛋器

　　对于很少下厨房的人来说，要把蛋白和蛋黄分开，是一件困难的事。还好，有了分蛋器，只要把蛋打进去，就会自动将蛋白与蛋黄分开，让新手在操作上不再出现失误。

哪里买呢？
日用百货店、烘焙材料店等。

十五、挤花袋

　　用来盛装面糊、馅料或鲜奶油等，可不使用花嘴，直接由圆口将里面的东西挤出。市面上也有贩卖一次性的挤花袋，将馅料填入后，于尖口处剪下适量大小的洞，再将馅料挤出，使用完即可丢弃。

哪里买呢？

淇淇的
超简单幸福甜点

烘焙材料店、超市等。

十六、毛刷

烘焙用的毛刷，常用来刷蛋液，或将烤模器具刷上一层防沾的薄油。由于材质上的差异，价格上也会有些许的不同，可以按照喜好进行选购。另外还有新式硅胶毛刷，耐高温、清洗容易、不打结，也是另一项不错的选择。

哪里买呢？
日用百货店、五金店、烘焙材料店等。

十七、烤盘

烤盘一般会随烤箱附赠，也可自行添购不粘材质的烤盘，使用时还可以铺一层烘焙纸，隔绝烤盘与成品，清洗上较为方便，也能延长烤盘的寿命。一般来说，若能选用稍有深度的烤盘，用途较广，亦可作为隔水加热的外层烤盘使用。

哪里买呢？
日用百货店、五金店、烘焙材料店等。

十八、雪平锅

加热食材或熬煮甜点时最普遍使用的小锅，亦可用于焦糖制作，热传导快速，能均匀地将液体加热，但不适用油炸或煎煮食物。若没有雪平锅，可用家中一般不粘小锅替代。

哪里买呢？

日用百货店、五金店、烘焙材料店等。

十九、凉架

主要用来放置刚出炉的点心，能保持通风，让余热与湿气均匀散出。拿现成的蒸架来取代，也有同样效果！

哪里买呢？
日用百货店、五金店、超市、商场、烘焙材料店等。

二十、烤箱

做点心需用可调温的烤箱。由于品牌不同，每台烤箱在使用时，都需参考食谱的设定之后，再反复做火温和时间上的调整。从我的第一个蛋糕开始，使用的就是一台可调温的家庭式烤箱，虽然现已旧纹斑斑、伤痕累累，仍是我的最爱，所以谁说一定得用专业的大烤箱呢？

哪里买呢？
电器店、超市、商场等。

重量与容量这样换算

重量换算

　　1kg = 1000g

　　1磅 = 454g = 16盎司（oz）

　　奶油1大匙 = 13g

　　泡打粉1茶匙 = 3g

各式材料重量换算

　　面粉1杯 = 125g

　　面粉1大匙 = 10g

　　细砂糖1杯 = 200g

　　细砂糖1大匙 = 7.5g

　　糖粉1杯 = 120g

　　抹茶粉1大匙 = 6g

　　玉米粉1大匙 = 12g

　　可可粉1大匙 = 7g

　　1杯水 = 240g = 240毫升

　　蜂蜜1大匙 = 22g

容积换算

　　1公升 = 1000毫升

　　1杯 = 240毫升 = 16大匙 = 8盎司（oz）

　　1大匙 = 15毫升 = 1/2盎司（oz）

圆形烤模容积换算

　　6寸：8寸：9寸：10寸
　　= 0.6：1：1.3：1.6

　　6寸圆形烤模分量×1.5
　　= 8寸圆形烤模分量

　　8寸圆形烤模分量×0.56
　　= 6寸圆形烤模分量

　　8寸圆形烤模分量×1.3
　　= 9寸圆形烤模分量

10 大加分食材

一、松饼粉

已调好的现成粉类，成分包含面粉、泡打粉、蛋粉、糖等，因此可替代多种材料使用，成品带有一股蛋奶香味，使用非常方便，而且也容易成功，但仍需依照不同点心种类做调整。

二、红糖

带有一股焦香味的糖类，常用在蛋糕、饼干及糖水类点心上，甜度不及砂糖，却能为点心带来光滑色泽与特别的风味。有块状及粉末状二种，使用时多选用易溶的粉状。

三、玛斯卡彭奶酪（Mascarpone Cheese）

制作提拉米苏的白色软质奶酪，含水量高，味道清爽、质地香醇，搭配可可粉更能突显特有的香味与甜味。但保存期不长，必须趁新鲜使用，一般烘焙材料店或大型超市皆能买到。

四、杏仁粉

新鲜杏仁粒研磨成的粉末，颜色淡黄，颗粒粗，散发淡淡的清香，通常混着面粉或与蛋糕搭配使用，增添绵密口感与坚果香味。若没有现成杏仁粉，也可以用食物调理机将生杏仁粒打成粉状。

五、卡鲁哇咖啡酒

带有咖啡香的烘焙用调理酒，颜色深黑中带有一点透明，常用在制作提拉米苏或慕斯类甜点中。酒香中隐隐带着一点果香，口感浓醇，具有画龙点睛的提味作用。

六、吉利丁片

用于慕斯、布丁及果冻的胶冻类材料，由动物骨胶制作而成，使用时必须泡冷水软化后沥干，再加入温热的液体食材中充分融化，或将泡软的吉利丁片置小碗中隔水加热融化再使用。吉利丁片怕湿热，所以必须存放在通风阴凉处，以免变质。

七、巧克力砖

　　书中使用苦甜巧克力、牛奶巧克力及纯白巧克力三种，可至材料店买到大块、烘焙专用的尺寸，因成分富含可可脂，尝起来比可可粉更加香醇浓郁。使用时必须先切细，再隔水加热融化，注意外锅热水温度不可太高，以防巧克力变质。

八、果干＆坚果

　　添加在甜点中能增加香味与口感，一般常见的果干，如葡萄干、蔓越莓干、杏桃干等，使用前多会泡水防止干硬；常用坚果，如核桃、杏仁、腰果、夏威夷果仁等，烘烤过后再加入面糊中，香气更浓。

九、饼干

　　现成饼干是做点心时常用的方便素材，可压碎铺于蛋糕底，或添加在蛋糕中增加香味与口感。通常易碎、质地酥软的饼干用途较广，如消化饼、奶酥饼干、丹麦饼干等。

十、柳橙汁 & 葡萄汁

富含水果天然原味的果汁，最适合取代液体材料，制作风味独特的点心，同时亦能增添成品的漂亮色泽，无论果冻、烤布丁、蛋糕或松饼皆可使用。因果汁内已含有糖分，使用时需斟酌减少额外的糖量。

不说你不知的备料Tips

一、奶油含盐与无盐有差别吗？

当然是有差别的，一般来说无盐奶油用途较广，制作点心通常使用无盐种类。有些食谱也会要求加一点盐，如果不小心买成有盐奶油，这时就请把材料中的盐省去即可。

二、哪种砂糖好？

纯白的细砂糖最好，可选择常用的"细粒特砂"砂糖，质地细致，与其他材料相拌也很容易溶解。尽量避免使用太粗的糖，这种糖不仅容易产生融化不全的颗粒，口感也不佳。

三、牛奶的代替品

若是易对牛奶过敏的体质，可选择与牛奶最相似的豆浆来替代，味道温和，也有淡淡豆香味。若使用调味牛奶、酸奶、椰奶等，会稍微改变成品的风味，亦能做成有特色的点心。

四、低筋、中筋、高筋面粉，到底要用哪一种？

去超市买面粉，才发现面粉有高低筋之分，点心最常用的是低筋面粉，蛋糕、饼干类都很适合。高筋面粉通常用来做需要有延展性的面包，中筋面粉则制作包子、馒头等中式点心。本书中所有点心皆使用低筋面粉。

五、"发"起来的秘密武器

除了奶油打发、蛋白打发等让空气进入面糊，产生膨胀效果的原理之外，添加泡打粉也能让蛋糕或饼干更蓬松、酥脆，但是泡打粉添加适量即可，不可多加，否则容易使产品吃起来有苦味。

六、偏爱巧克力口味

若特别喜爱巧克力口味，也可以尝试有趣的变化，在第二次制作的时候，将材料中的面粉减去15～20克，再用等量的无糖可可粉补上，其余材料与分量则维持不变。

七、鲜奶油怎么买？

书中使用的是液状的动物性鲜奶油，一般来说动物性的鲜奶油不含糖，用途比较广；植物性多半含糖，打发后可以持久定型，大部分用在蛋糕装饰上。

PART 1

蛋糕、松饼

春天，樱花满枝

沐浴在春光里，品尝蛋糕的甜蜜

世界因此而缤纷绚烂……

白巧克力胡桃蛋糕

你相信用一支叉子就能做蛋糕吗？很多人总认为做一道美味点心需要购买许多器具，偶尔才做一次，实在是经济成本太高。其实大可把做点心想得简单些，省去繁复的用具，仅用一支叉子来混合、搅拌面糊，体验自己动手做的乐趣。当香喷喷的蛋糕出炉的那一刻，是既感动又充满成就感的！

分量：

20cm×20cm方形烤盘1个

材料：

白巧克力----------------200g	低筋面粉----------------75g
无盐奶油----------------90g	泡打粉----------------1小匙
全蛋----------------2个	碎胡桃仁----------------60g
细砂糖----------------75g	融化白巧克力（装饰用）----------适量
鲜奶----------------70g	

做法：

1. 胡桃仁用手捏碎备用。另剪裁适当大小的烘焙纸，铺在烤盘底部。

2. 白巧克力切碎，与无盐奶油一起放置小碗中，隔水加热至融化。

若使用开封过的面粉或泡打粉，可以先过筛，再加进面糊中，能防止结块或拌不匀的粉粒。

淇淇的成功Tips

隔水加热巧克力与奶油时，可以同时搅拌以加快融化速度，但请小心别让外锅的水渗入巧克力中。

③

④

3. 另取一只碗将鸡蛋打散，加入细砂糖拌匀，再倒入做法2.的白巧克力与鲜奶混合液中。

4. 拌入低筋面粉与泡打粉，以刮刀轻轻混合成无粉粒的面糊，再加入碎胡桃仁。

5. 倒入烤盘中，送进预热170℃的烤箱中，烤25～30分钟。取出冷却后倒扣，将烘培纸撕去，切割成九等分，并在表面淋上融化的白巧克力，再以完整胡桃仁装饰。

25 淇淇的
超简单幸福甜点

椰丝红糖小蛋糕

用椰子粉做蛋糕？听来令人匪夷所思，就是这样大胆的尝试，让我发现了人间美味。椰子粉取代了部分面粉的扎实感，在反复咀嚼之中，还能创造另一种滋味，从舌尖到喉头，布满椰子的芳香。更棒的是，再也不用担心蛋糕做出来像发糕。因为简单易学的做法，一试就会成功！

分量:

6个小纸杯模

材料:

无盐奶油----------35g

红糖------------50g

全蛋------------1个

椰子粉----------50g

低筋面粉----------50g

泡打粉----------2/3小匙

鲜奶------------35g

做法:

1. 室温软化的无盐奶油，加入红糖，用打蛋器充分拌匀。

2. 分次加入蛋液搅拌。

淇淇的
超简单幸福甜点

无盐奶油一定要先放置在室温中软化，再与砂糖拌和，才能既省时又省力。

淇淇的成功Tips

椰子粉与低筋面粉的比例是1：1，千万不要任意更改配方，才能尝到最独特的口感喔！

③

④

3. 依序拌入椰子粉、低筋面粉与泡打粉，再以刮刀轻轻拌和。

4. 最后加入鲜奶拌匀，以小汤匙舀入纸杯中，放进预热180℃的烤箱中，烤20～25分钟，至表面呈金黄色。

5. 在烤好的蛋糕表面撒上少许椰子粉作装饰。

巧克力甜桃蛋糕

　　要找一种适合烘烤做成点心的水果并不容易，必须耐烤、味道够、水分及软硬度都适中，超市常见的水蜜桃就是首选。鲜嫩桃红色的外表下，有着清爽多汁又柔软的果肉，还带着人人喜爱的桃香与酸甜。除了直接品尝新鲜原味外，也适合搭配巧克力成为制作蛋糕的主角，烤过依然香甜，而且多了一分与巧克力融合的迷人风采。

分量：

8寸脱底圆模1个

材料：

水蜜桃------------250g	低筋面粉----------80g
柠檬汁------------1大匙	可可粉------------30g
无盐奶油----------80g	泡打粉------------1小匙
细砂糖------------90g	鲜奶------------35g
全蛋------------2个	

做法：

①

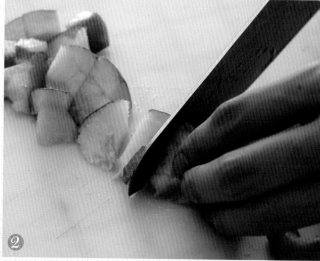

②

1. 低筋面粉、可可粉过筛备用。并剪一张与圆模底部大小相同的圆形烘焙纸铺在模底。

2. 水蜜桃去核，切成小丁状，淋上柠檬汁备用。

淇淇的成功Tips

可可粉容易受潮结块，必须过筛之后再使用，才不会有粉块掺在蛋糕中坏了口感与兴致。

这样做超简单

1.切好的水蜜桃淋上柠檬汁，可防止变色变软。

2.模底铺烘焙纸，能让蛋糕脱模时形状完整，容易分切。

3.出炉时若无法确定是否已烤熟，可以用竹签刺入蛋糕中，测试是否有生面糊的粘黏。

③

④

3.取一干净的容器，将软化的无盐奶油与细砂糖一起以搅拌器打发至蓬松，颜色变至微白。

4.分次加入全蛋液拌匀，再拌入过筛的低筋面粉、可可粉与鲜奶，以刮刀轻轻混合。

5.最后加入水蜜桃丁轻拌，将面糊倒进模中，放入预热170℃的烤箱中，烤25分钟。

淇淇的
超简单幸福甜点

日式红糖白味噌蛋糕

"味噌"蛋糕，好一个大胆的尝试，我曾经怀疑咸味材料加入甜点中的味道，想必是复杂又独特的。直到近几年来，烘焙屋风行的肉松蛋糕、咸蛋糕广受大众喜爱，我才发现这股味道不但不相冲突，反而因为咸味的点缀，更提升了甜点的风味。如果你还没尝过这样的味道，不妨跟着我准备味噌、红糖与奶油，动手做一个好吃的蛋糕吧！

分量：
20cm×8cm长条蛋糕模1个

材料：

白味噌------------40g		全蛋--------------2个
鲜奶--------------1大匙		低筋面粉----------120g
无盐奶油----------110g		泡打粉------------1/2小匙
红糖（粉状）------100g		

做法：

1. 取一小碗，将白味噌与鲜奶拌匀备用。

2. 烘焙纸剪成适当大小，铺在模型底部与四周。

3.另取一干净容器，放入室温软化的奶油与红糖，以搅拌器打发呈蓬松绒毛状。

4.分次加入全蛋液拌匀，再加入做法1.的味噌鲜奶混合液。

5.加入低筋面粉与泡打粉，改以刮刀轻轻拌和成无粉粒的面糊，倒入模中的八分满，送进预热180℃的烤箱中，烤35～40分钟。

柳橙莓果茶蛋糕

我喜欢喝茶，什么茶都爱。红茶、绿茶、乌龙茶、花茶……不时来上一杯，总觉得身心舒畅，清新的味道让我保持愉悦的心情，特别是水果茶，融入果香的魔力让人上瘾。这次，特别将莓果茶的味道保留在蛋糕中，在每一口柔软的蛋糕里，绽放柳橙的酸甜与莓果茶的清香，实在浪漫。

分量：
玫瑰花形硅胶模约15个

材料：

无盐奶油----------110g

糖粉-------------90g

全蛋-----------2个

低筋面粉---------120g

泡打粉----------1/2小匙

莓果茶包----------1包

热水------------2大匙

〔柳橙糖霜〕

柳橙汁----------30g

糖粉------------150g

做法：

1. 莓果茶包拆开，取茶叶与热水二大匙混合，浸泡至茶香散出。

2. 将软化的无盐奶油与糖粉混合，以搅拌器打发至蓬松变白。

3. 分次加入全蛋液拌匀，混入低筋面粉与泡打粉，以刮刀轻轻拌成无粉粒的面糊。

4. 倒入做法1.泡开的茶汁与茶叶拌匀，再将面糊舀入模型中约八分满，放入预热180℃的烤箱中，烤10～15分钟。

这样做超简单

1.茶叶一定要先泡开，再拌入面糊中，香气才比较浓郁。

2.柳橙糖霜风干后会变硬，若无法一次用完，请先封口再放入冰箱冷藏，并趁新鲜使用完毕。

3.若没有硅胶模，也可以用其他模型烘烤，但时间需视分量延长喔！

〔柳橙糖霜〕

1.将柳橙汁缓缓加入糖粉中搅拌成浓稠霜状，再装入塑料袋中，束紧封口。

2.剪去塑料袋一小角，将糖霜淋在烤好的蛋糕上，等待冷却至糖霜干硬即可。

栗子玛芬

入秋之后，路边卖糖炒栗子的摊贩愈来愈多，看着滚烫的石子在小贩的来回翻炒下嗞嗞作响，冒出那股诱人的混杂香味与焦味的阵阵白烟，食欲不自觉地冲上心头，顾不得动手剥栗子的酸痛感，还是买上一大包，慢慢享用。现在愈来愈多真空包装的熟栗子能在便利商店买到，味道香甜柔软，丝毫不输现炒栗子，做点心更是方便，大大省去了剥壳的麻烦呢！

分量：
玛芬纸杯模5～6个

材料：

剥壳甘栗----------80g

无盐奶油----------100g

红糖----------85g

全蛋----------2个

低筋面粉----------120g

泡打粉----------1小匙

鲜奶----------2大匙

做法：

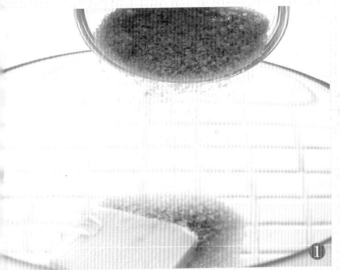

1.将熟甘栗切小丁备用。

2.软化的无盐奶油与红糖一起以搅拌器
　打发至蓬松，分次加入全蛋液拌匀。

淇淇的
超简单幸福甜点

这样做超简单

1.熟甘栗切成小丁的口感较好，也不会因为太重而沉在杯子底部。

2.若无玛芬纸杯，也可以使用长条蛋糕模烘烤，时间需延长至35～40分钟。

3. 拌入低筋面粉、泡打粉，以刮刀轻轻混合至无粉粒，再加入甘栗丁及鲜奶拌匀。

4. 用汤匙将面糊舀入玛芬杯中，送进预热180℃的烤箱中，烤20～25分钟。

什锦莓果软饼

不说不知道，松饼粉是个厉害的角色，一包松饼粉不但能变化出千种不同的咸甜点心，还带着一股面粉替代不了的蛋奶香。莓果软饼就是这样，松软的蛋糕里间杂着蔓越莓干和葡萄干的香气，又似蛋糕又似饼，融合出另一种特别的甜点形式和味道，尝过才知道。

分量：

20cm×20cm方形烤盘1个

材料：

无盐奶油----------80g

细砂糖----------60g

全蛋----------2个

松饼粉----------140g

鲜奶----------2大匙

葡萄干、蔓越莓干等

综合干果----------120g

做法：

① 1.鲜奶与各式干果先混合浸泡10分钟。

② 2.剪裁适当大小的烘焙纸，铺在烤盘底部。

3.软化的无盐奶油加入细砂糖，以搅拌器打发至蓬松、颜色变白，再分次加入蛋液拌匀。

这样做超简单
莓干果一定要先浸泡在牛奶中，才能让烤出来的干果湿润又好吃喔！

③

④

4. 拌入松饼粉、莓干果与鲜奶，以刮刀轻轻混合至无粉粒状。

5. 倒入方形烤模中抹平，送进预热180℃的烤箱中，烤15～20分钟。

柠檬玛德蕾妮

同样贵为法式点心的代表作之一，玛德蕾妮蛋糕最为人所知的就是漂亮的贝壳外表，波浪弧度的造型下，充满清新柠檬味与天然的蛋香。我曾为了追随玛德蕾妮的优雅外形和美味，收集了好几个贝壳模型。因为制作过程简单，也不需要打发奶油，做起来既快速又得心应手，在家也能享用充满法式风情的甜点。

分量:

贝壳模型约16个

材料:

无盐奶油----------100g

全蛋--------------2个

糖粉--------------100g

低筋面粉----------100g

泡打粉------------1小匙

柠檬粉------------2小匙

做法:

1. 给贝壳型蛋糕模刷上一层油，并撒上少许面粉防粘。

2. 无盐奶油切小块，以微波炉或隔水加热融化，备用。

这样做超简单

做法3.中，材料一定要确实拌匀，再逐渐加入下一种东西，不可以一口气全部拌在一起。

淇淇的成功Tips

这是一道简单的蛋糕，其中柠檬粉带来的柠檬香气，更具有画龙点睛的效果，请别忘记添加啰！

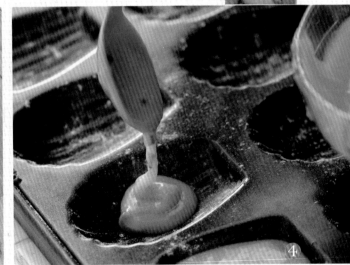

3. 全蛋打散，依序加入糖粉、做法2.的融化奶油、低筋面粉、泡打粉及柠檬皮屑拌匀，即是面糊。

4. 用汤匙将面糊舀入模型内约八分满，送进预热170℃的烤箱中，烤约15分钟。

蜂蜜坚果奶酪蛋糕条

　　如果你喜欢蜂蜜的香气，也同时喜爱有点脆度的迷人口感，可千万别错过这梦幻般的奶酪蛋糕条！我常认为奶酪蛋糕就像是甜点里尊贵优雅的贵族一样，绵密、细致又浓郁，总在受人们爱戴的位置上屹立不动。因为制作简单、不易失败的特点，最适合让初次做点心的人小试身手。试试看以蜂蜜取代砂糖、拥有黄金般质感的奶酪蛋糕吧！

分量：

20cm×20cm方形烤盘1个

材料：

核桃仁	140g	全蛋	2个
无盐奶油	40g	动物性鲜奶油	100g
奶油奶酪	480g	柠檬汁	2大匙
蜂蜜	120g	杏仁片	适量

做法：

1. 将核桃仁放入干净塑料袋中，先以擀面棍或重物压至细碎，再倒入融化的奶油，隔着塑料袋混合捏成团状，平铺在烤盘底部。

2. 奶油奶酪切成小块，加入蜂蜜一起隔水加热，以打蛋器搅拌成顺滑的奶酪糊，然后离火。

这样做超简单

1.核桃仁本身富含油脂，有黏合的作用，因此压得越碎，口感越好。

2.可在烤盘内铺一层铝箔纸，烤好后的蛋糕就能直接取出不粘黏。

3.切割成品时，可先将刀子浸过热水，或以炉火烤热后再切，切面会比较平整漂亮。

淇淇的成功Tips

一般奶酪蛋糕多用饼干压碎当底，少了点口感，多了些油腻，试试看用坚果当蛋糕底，味道更香，口感也更特别。

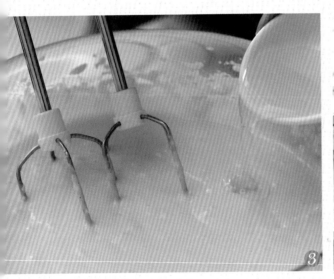

3.加入蛋、鲜奶油与柠檬汁拌匀，倒入铺有核桃底的烤盘中。

4.表面撒上适量杏仁片，放进预热180℃的烤箱中，烤40分钟。

5.出炉冷却后，冷藏至冰凉，再取出切成条状。

红茶戚风蛋糕

常常有人问我"戚风蛋糕"与"海绵蛋糕"的差别，我总是回答，尝起来更细更绵、像棉花糖般蓬松清爽，那就是戚风蛋糕了。其实它们之间最大的差别在于制作方法是否需要"打蛋白"，大部分的戚风蛋糕得靠蓬松的蛋白霜，创造丝绒般的口感，如果能再加上一抹清新不腻的伯爵红茶香，嗯～那真是太享受了！

分量：

8寸戚风中空蛋糕模1个

材料：

伯爵红茶----------1包　　　　　低筋面粉----------120g

热牛奶----------150g　　　　　泡打粉----------1/2小匙

蛋黄----------5个　　　　　蛋白----------5个

细砂糖(A)----------30g　　　　　细砂糖(B)----------80g

色拉油----------50g

做法：

1. 将伯爵红茶浸泡在热牛奶中备用（也可使用微波炉加热）。

2. 蛋黄加细砂糖(A)搅拌，再加入色拉油，低筋面粉，泡打粉及做法1.的伯爵茶牛奶，以打蛋器拌匀。

1. 为了将蛋黄糊中的低筋面粉拌至无颗粒的顺滑状,可以稍微用打蛋器搅拌均匀。

2. 戚风蛋糕的蛋糕模不需抹油也不用撒粉,才能让蛋糕做得完整又漂亮。

淇淇的成功Tips

不用刻意去滤掉伯爵红茶叶,能让蛋糕中的茶味更清香,即使多吃几块也不会腻口。

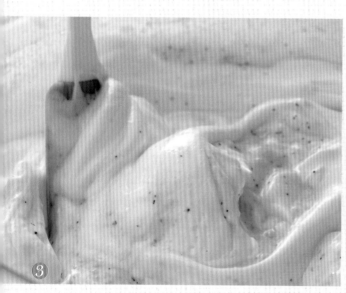

③

④

3. 另取一只干净大碗,放入蛋白与细砂糖(B),以搅拌器打发至干性发泡,提起发泡蛋白能呈向上尖角的程度。

4. 将打发蛋白与蛋黄糊混合,以刮刀轻轻搅拌均匀。

5. 倒入中空蛋糕模,送入预热180℃的烤箱中,烤25~30分钟。

6. 出炉后直接倒扣冷却,再用小刀沿边边画一圈,将底座往上推脱模。

焦糖费南雪

费南雪(Financier)的本意指金融家，是法式点心中数一数二的代表性蛋糕，因为形状薄扁方长，像极了珍贵的金条而得名。就尚说这蛋糕不像蛋糕，口感黏实、味道浓郁，还有一阵像极焦糖的奶油香，适合薄薄的形状，烤得太厚太大，口感就不好了。其中最具特色的焦化奶油，一定要煮到出现漂亮的金棕色喔！

分量：
金砖模型8～10个

材料：
无盐奶油-----------120g
蛋白-------------100g
细砂糖-----------100g
低筋面粉----------40g
杏仁粉-----------40g

做法：

这样做超简单

1.奶油在沸腾后继续煮，会逐渐呈现咖啡色，称为"焦化奶油"，是费南雪蛋糕的特色，也是特殊香味的来源！
2.市场上有卖一次性的挤花袋，袋口能自行剪裁大小，使用方便。

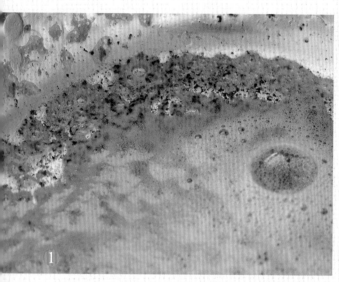

1. 先在模型内涂一层薄薄的奶油，并撒上些许面粉，如此出炉时比较好脱模。

2. 将奶油置于小锅中，以小火煮至沸腾，呈现淡焦色并散发香味后熄火。

3. 焦化奶油放凉后以网筛过滤备用。

4. 蛋白与细砂糖搅拌均匀，加入
   过筛的低筋面粉与杏仁粉混
   合，最后倒入做法3.的焦化奶
   油，拌成均匀的面糊。

5. 将面糊装进挤花袋或干净塑料袋中，封
   口绑紧，并在尖角处剪一小口，将面糊
   挤在模型中约九分满，放进预热190℃的
   烤箱中，烤10～15分钟。

南瓜奶酪蛋糕

　　我小时候不喜欢吃南瓜！曾经有一次，外婆特地为放暑假的小孩子们准备了一大锅南瓜饭。我们一个个都不肯吃，嚷嚷着要去外面买鸡腿便当。现在想想，当时真不懂南瓜和亲情的滋味。长大后才发现，南瓜的甜味与点心搭配得天衣无缝，与奶酪结合，能散发出香浓滋味，还有一种难以取代的扎实感，冰冰凉凉，让人暑意全消。这股迟来的亲情滋味，我以后会永远记得。

分量：

8寸脱底圆模1个

材料：

巧克力消化饼----------120g 细砂糖----------70g

无盐奶油----------60g 鲜奶----------100g

蒸熟南瓜泥----------90g 吉利丁片----------3片

动物性鲜奶油----------150g 焦糖酱----------适量

奶油奶酪----------400g

做法：

①

②

1. 吉利丁片先以冰水泡软备用。并剪一张与蛋糕模底部大小相同的圆形烘焙纸铺在模底。

2. 巧克力消化饼放在干净塑料袋中，以擀面棍或重物压至细碎，再倒入融化的无盐奶油，隔着塑料袋以手混合捏成团状，平铺在模型底部。

3. 先将南瓜蒸熟，趁热捣碎，再与鲜奶油混合成南瓜泥。

淇淇的成功Tips

南瓜泥的甜味和有点松散的口感，能让奶酪蛋糕品尝起来更增添丰富的味觉感受，记得一定要捣成泥状喔！

1.干燥的吉利丁片要以冰水或冷水泡软，千万不能用热水，否则会融化在水中。

2.泡软的吉利丁片必须趁奶酪糊还温热时加入，并一直搅拌，直到融化，这样做出来的蛋糕才会漂亮。

3.蛋糕取出前，可取热毛巾敷在模型周围约一分钟，便可以轻松取出。而分切南瓜奶酪蛋糕时，同样可以热刀切割，切面就会既完整又漂亮。

4.奶油奶酪切成小块，与细砂糖、鲜奶一起隔水加热搅拌成顺滑状，加入泡软的吉利丁片拌融后熄火，最后加入南瓜泥混合。

5.倒入铺有饼干底的模型中，冷藏3～5小时，待完全凝固后取出，淋上焦糖酱装饰。

PART 2

布丁、果冻、冰凉点心

夏日，艳阳热情

挥汗之余，享受沁凉甜点

烦躁瞬间消逝无影……

草莓椰奶夏日冻

　　我很喜欢将天生绝配的草莓与椰奶放在一起，当来自于温带的酸甜草莓，遇上充满南洋气息的椰奶，才能将彼此的特色完全显现出来。即使是日头正高的炎炎夏日，仍然少不了这一味的陪伴，晶莹中透着红韵的草莓冻，与浓醇中带有椰香的牛奶冻，两者相辅相成，摇曳生姿，如此完美的组合，你绝不能错过。

分量：
约4杯

材料：

清水------------140g
细砂糖----------40g
吉利丁片(A)------2片
草莓------------8～12个
动物性鲜奶油-----280g

椰奶------------50g
蜂蜜------------25g
吉利丁片(B)--------4片

做法：

1. 吉利丁片(A)与(B)分别以冰水泡软。草莓每个各切四等份，平均铺在杯子底部。

2. 将清水与细砂糖混合煮至沸腾，离火加入泡软的吉利丁(A)拌融，用勺子舀入或量杯倒入装有草莓的杯中约1/3高度，待凉冷藏至凝固。

这样做超简单

1.吉利丁遇热很容易融化，所以第二层液体必须隔冰水冷却了以后，才能倒入第一层上方。

2.一般来说，含吉利丁的胶冻类冷藏凝固时间都比较久，若2～3小时尚未完全凝固，请再延长冷藏时间。

3.倒扣前可以借毛巾的热度融化边缘的果冻，顺利扣出，所以记得别敷太久，以免果冻都融化了喔！

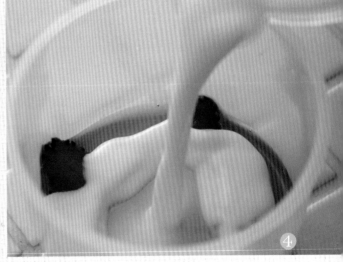

3. 将鲜奶油、椰奶与蜂蜜置入另一小锅中，煮至快沸腾即熄火，加入泡软的吉利丁(B)拌融，并隔着冰水边搅拌边冷却至常温。

4. 把3.的溶液缓缓倒入已凝固的草莓冻上方，冷藏2～3小时至完全凝固，取出以热毛巾包覆杯子约30秒，即可顺利倒扣。

淇淇的成功Tips

上下分层的果冻，一口就能品尝到两种滋味，草莓的清爽，配上椰奶与鲜奶油的浓郁，是夏天最适合的冰凉甜品。

淇淇的
超简单幸福甜点

大吉岭红茶慕斯布丁

任何人动手做过这道布丁都会深深爱上它，因为做法实在太简单了！不用烤箱、不用长时间等待，也没有太多的繁复步骤，就能创造质地如慕斯、口感冰凉弹牙的布丁。浓浓的红茶香与微甜不苦的焦糖相互契合，在口中散发出芬芳的余韵，就像甜点中的罗密欧与朱丽叶，多么令人感动。

分量:

3杯

材料:

鲜奶————————————400g

大吉岭红茶叶————————2小匙

吉利T粉—————————12g

细砂糖(A)—————————65g

动物性鲜奶油—————————70g

〔焦糖浆〕

细砂糖(B)—————————50g

热水————————————3小匙

做法:

1. 取一个干净的小锅，先将鲜奶与红茶叶煮沸，待降温后备用。

2. 吉利T粉与细砂糖(A)混合，冲入做法1.的红茶鲜奶与鲜奶油拌匀，再倒回锅中，以小火边煮边搅拌至锅边冒小泡，熄火。

1.吉利T粉与砂糖先混合，能防止冲入液体时结块，千万不能省略这个动作喔！

2.若不喜欢红茶叶的口感，可在做法1.之后将煮过的茶叶滤掉。

3.煮焦糖时，切记不要搅拌，仅需摇动锅让颜色均匀，也不需煮太久，颜色太深的焦糖会苦。

3.趁热倒入杯中约八分满，冷却后移至冰箱冷藏1~2小时凝固。

淇淇的成功Tips

吉利T粉是由植物海藻萃取制成的胶冻类材料，口感介于洋菜与吉利丁之间，不妨试试看喔！

〔焦糖浆〕

取细砂糖(B)加入1~2小匙的清水，置入锅中，以小火煮至出现焦糖色，摇动锅让颜色均匀，待颜色变得较深时，再加入三大匙热水煮成浓稠状，待凉淋在布丁上。

胡萝卜果冻

对胡萝卜反感的人不少。我曾经在节目中拍摄胡萝卜甜点单元，请来小朋友亲自参与制作和品尝，只听见现场一阵阵哀声惨叫，小朋友们一边搅拌着面糊，一边将手上的碗离得老远，害怕得不得了。直到烘烤出炉的那一刻，他们才终于破涕为笑。因为胡萝卜做成甜点的好味道，早已解决了胡萝卜又腥又难闻的难题。这里使用果菜汁、柳橙汁和蜂蜜综合而成的味道，既保留了胡萝卜的营养，又掩盖了胡萝卜的特殊气味。

分量：
约4杯

材料：
胡萝卜泥----------60g
果菜汁----------100g
柳橙汁----------140g
蜂蜜----------1小匙
吉利丁片----------3片

做法：

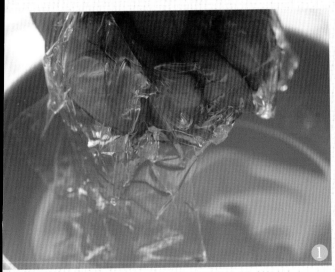

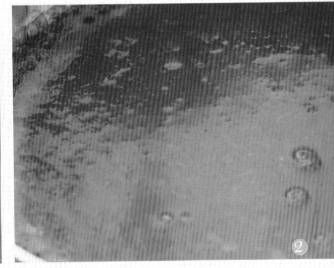

1.吉利丁片以冰水泡软备用。

2.胡萝卜泥、果菜汁、柳橙汁与蜂蜜置小锅中，加热至沸腾，离火，以网筛过滤掉胡萝卜渣。

淇淇的
超简单幸福甜点

这样做超简单

果菜汁煮沸的余温就可以融化吉利丁，请一直搅拌均匀，冰凉后的成品才漂亮喔！

淇淇的成功Tips

蜂蜜的量虽少，却占了无与伦比的重要性，能消除胡萝卜中的微腥味、提炼出甜味以及增加香气喔！

③

3. 加入泡软的吉利丁片拌融。

④

4. 平均倒入四个玻璃杯中，放凉后置入冰箱冷藏，约2~3小时凝固。

甜橙柔滑布丁

一道不加"砂糖"与"牛奶"的布丁，真的可以吃吗？朋友看了我的食谱之后，不禁提出这样的疑问。我的回答是当然可以，而且更好吃。最大的幕后功臣就是配方中大量的炼乳，不仅取代了砂糖与牛奶成分，还多了一味其他材料没有的奶香，加上柳橙原汁所添加的纯粹果香，使不掺入一滴水的柔滑布丁，更加值得一尝。

分量：

瓷盘2个

材料：

全蛋------------2个

炼乳-----------130g

柳橙原汁-------350g

柳橙皮屑-------2小匙

把布丁液过筛能让蛋液细滑，烤出来的成品口感及式样都非常好。

做法：

1.全蛋打散，加入炼乳及柳橙原汁，混合成布丁液。

2.加入柳橙皮屑拌匀。

3. 将布丁液过筛二次，倒入瓷盘中
   约八九分满。

4. 取一个较大的烤盘，倒入约五分满的热
   水，将瓷盘置入其中，放进预热160℃的烤
   箱中，隔水蒸烤约35分钟至布丁液凝固。

5. 取出放凉，冷藏后再食用风味更好。

酸奶提拉米苏

　　提拉米苏大概是唯一在趋之若鹜的甜点热潮过后，魅力依然不减的甜点。几乎没有人不爱它香浓的奶酪味、可可香，以及软滑顺口的慕斯质地。提拉米苏的制作方法并不难，但若想多下点工夫让蛋糕更清爽、低卡，可尝试用酸甜的酸奶取代鲜奶油，品尝这道甜点就能更轻松、更无负担啰！

分量：
长形浅瓷盘1个

材料：

速溶咖啡	100g	细砂糖	85g
卡鲁哇咖啡酒	30g	酸奶	90g
手指饼干	1包	鲜奶油	180g
玛斯卡彭奶酪(Mascarpone)	300g	吉利丁	3.5片
		可可粉	适量

做法：

1. 将手指饼干排列在容器底部。

2. 将速溶咖啡与卡鲁哇咖啡酒混合，均匀地淋在手指饼干上。

3. 若手边没有手指饼干，也可使用海绵蛋糕来代替。

1.手指饼干必须均匀吸满咖啡液，才不会在倒入奶酪糊后浮出。

2.卡鲁哇咖啡酒可以不加，但带有独特咖啡酒香的提拉米苏更接近意大利的风味！

淇淇的成功Tips

玛斯卡彭奶酪虽然不好买到，但是风味和质地都比一般的奶油奶酪更好，可说是正统意大利甜点的灵魂，不妨去大型超市找找看吧！

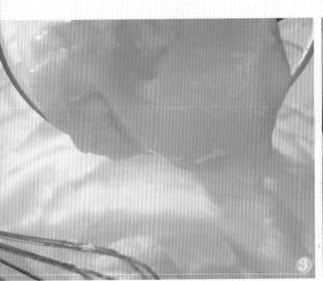

4.将玛斯卡彭奶酪拌软，加入砂糖、鲜奶油及酸奶拌匀，再倒入做法3融化的吉利丁液，混合成均匀的奶酪糊。

5.倒进瓷盘中约九分满，需盖过手指饼干，冷藏2～3小时凝固，取出食用前再撒上一层厚可可粉。

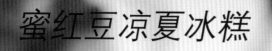

蜜红豆凉夏冰糕

　　来自于日式和果子的灵感，将粒粒分明又饱满的红豆，与细滑香醇的牛奶冰糕结合，使用最朴实、简单的材料，在6℃的温度下，制作成最美丽的冰凉甜点。棱角分明的三角块状好像艺术品般，微光下映衬出些许的透亮，这股视觉与味觉的双重享受，令凉夏冰糕更惹人喜爱了。

分量：

长方形保鲜盒（可切成6块三角形）

材料：

鲜奶------------360g

细砂糖----------60g

玉米粉----------60g

蜜红豆----------适量

做法：

1. 取一干净保鲜盒，先将蜜红豆平均铺在底部备用。

2. 将鲜奶、砂糖与玉米粉放置小锅中拌匀，以中小火边煮边搅拌至出现颗粒。

这样做超简单

1. 拌煮牛奶糊时，会先出现颗粒凝结，继续以小火拌煮，才逐渐呈现均匀稠状。

2. 煮好的牛奶糊要趁热装入容器，冷却后就定型了。

如果想自己煮蜜红豆，一定要保留完整的红豆颗粒喔！否则变成豆沙，口感就差多了。

3. 转小火继续搅拌煮至锅边冒小泡，且呈现没有颗粒的均匀浓稠状，即可熄火。

4. 趁热倒入装有蜜红豆的容器中，表面铺平，放凉后冷藏至凝固，即可取出切块。

可可蛋糕布蕾

我从没尝过任何一种甜点既像蛋糕又像布蕾，还像巧克力，如此"三位一体"的味道，真是太令人惊艳了！网络团购的热潮也曾为这样的甜点疯狂过，它就是可可蛋糕布蕾。厚层可可粉的下方，隐藏着浓郁滑嫩的巧克力布丁，绝对香醇的75％巧克力征服了味觉体验。依然葆有柔软芬芳的蛋糕，透出些微白兰地酒香，如此梦幻的组合，只有送到嘴里的那一刻，才恍然大悟。

分量：
铝箔长条蛋糕模1个

材料：

鲜奶------------300g	白兰地酒----------1大匙
细砂糖----------60g	葡萄干-----------1大匙
75%苦甜巧克力----80g	海绵蛋糕----------适量
全蛋-----------2个	

做法：

1. 白兰地酒与葡萄干混合浸泡10分钟。苦甜巧克力切碎备用。

2. 海绵蛋糕切小块，放入铝箔容器中，约八分满。

淇淇的成功Tips

请使用65％以上的苦甜巧克力，才能尝到真正的可可风味——入口即化。

这样做超简单

1.巧克力不可以和鲜奶同时入锅拌煮，过高的温度易让巧克力变质。

2.隔水烘烤因时间长，外盘的水会因此蒸发减少，可于中途打开烤箱将外盘抽出，补加热水，再立刻关上烤箱继续烤（速度要快，以尽量保持烤箱内恒温）。

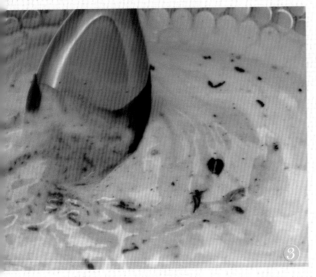

③

④

3.鲜奶倒入小锅中，加入细砂糖，以中火继续煮至沸腾，离火，再加入巧克力碎块，拌至巧克力融化。

5.取一个较大烤盘，装入五分满的热水，将铝箔烤模置于中央，放进预热160℃的烤箱中，以隔水烘烤方式蒸烤40分钟。

4.待巧克力液冷却后，加入全蛋及做法1的葡萄干与白兰地酒混合拌匀，倒入装有海绵蛋糕块的铝箔容器中，约九分满。

6.出炉待冷却后，放进冰箱冷藏至冰凉，食用前撒上可可粉再切片。

PART 3

派、塔、饼干

初秋，枫叶转红

斜阳一抹，宛如金光色泽的脆饼

营造出幸福满怀的意境来……

抹茶比斯考提

　　这种来自意大利的长条饼干，一开始出现在台湾时，并不太为人接受，因为它质地脆硬、扎实，又含有多种坚果，必须搭配咖啡或果汁咖啡，慢慢咀嚼个中滋味，才是正统吃法。但现在，比斯考提(Biscotti)在咖啡馆里常可以见到，长长的形状加上五颜六色的外观，改良过后的饼干也非常可口好吃，脆硬的特质仍在，但其中的趣味就得让人亲身体会了。

分量:
约20片

材料:

全蛋	1个	泡打粉	1小匙
细砂糖	50g	抹茶粉	1小匙
无盐奶油	20g	综合坚果	100g
低筋面粉	140g		

做法:

1. 全蛋打散，加入砂糖，以搅拌器打至体积膨胀，颜色变成米白色。

2. 依序加入融化的奶油、低筋面粉、泡打粉、坚果和抹茶粉，拌成团状。

这样做超简单

1.拌成团状之后不要过度搓揉，以免面团出筋，饼干就会变得更硬了。

2.最后切片烘烤时，若饼干较厚，可于中途翻面烤，让两面能均匀受热。

③

④

3.整形成扁长条状放在烤盘上，送进预热160℃的烤箱，先烤25～30分钟。

4.膨胀定型后取出切片，每片约0.8～1cm，平铺在烤盘上，再送进预热160℃的烤箱，烤约10～15分钟至酥脆。

淇淇的成功Tips

综合坚果可以多添加几种，除了咀嚼上有丰富的口感层次，饼干切面也很丰富漂亮喔！

樱桃克拉芙缇塔

　　这道点心通常是我招待客人的首选，简单、方便，也能让大家吃到热乎乎、刚烤好的成品。柔软的克拉芙缇质地介于布丁与派馅之间，口感独特，还带有一点酸甜的酸奶与鸡蛋香，搭配味道温和微甜的黑樱桃，简直让人联想到以盛产樱桃闻名的德国森林，妇人们正在采集樱桃的情景，既快乐又悠闲，既美好又幸福。

分量：

小瓷烤盘3个

材料：

全蛋------------1个		鲜奶油----------90g	
细砂糖----------25g		鲜奶------------35g	
酸奶------------15g		黑樱桃罐头------1罐	
低筋面粉--------1小匙			

做法：

1. 先将罐头内的黑樱桃果肉取出，沥去糖水，平铺在瓷烤盘底部备用。

2. 全蛋打散，加入砂糖、酸奶，以及过筛的低筋面粉，拌成无颗粒的浓稠状。

这样做超简单

黑樱桃也可以换成耐烤、水分少的水果，如香蕉、洋梨、水蜜桃等。

淇淇的成功Tips

这道点心可热食，也可冰凉后吃，各有不同的风味！

3. 再加入鲜奶油与鲜奶均匀混合。

4. 倒入铺有黑樱桃的瓷烤盘中，送进预热180℃的烤箱中，烤25～30分钟至表面金黄凝固。

达克瓦兹夹心饼

　　几乎所有的甜品店或蛋糕坊都吹过一阵马卡龙旋风，众人皆钟情于其小巧亮丽的外表及外酥内软的梦幻口感，这样的特色，达克瓦兹饼也有异曲同工之妙。一样以打发的蛋白、杏仁粉及糖粉制作，将蓬松雪白的面糊覆盖上厚厚的糖粉后，烘烤成酥脆的点心饼。不同的是，达克瓦兹还多了一点柔软的面粉香气，吃起来既可口又舒服。

分量：
约14片

材料：

蛋白————————2个
细砂糖—————————20g
杏仁粉————————45g
糖粉(A)—————————45g

低筋面粉————————————1小匙
糖粉(B)（洒表面用）————适量
榛果巧克力酱——————————适量

做法：

 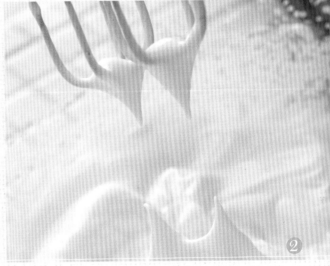

1. 将糖粉(A)、低筋面粉与杏仁粉混合，
   过筛备用。

2. 蛋白加入细砂糖，以搅拌器打至
   干性发泡②，提起蛋白霜能向上
   挺立不滴落的状态。

淇淇的
超简单幸福甜点

这样做超简单

加入粉类材料时，可从边缘轻轻
拌入，才不致让打发的蛋白消
泡。

③

④

3. 加入过筛的粉类，轻轻拌成无粉粒的
   面糊，装入挤花袋中，在烤盘上以螺
   旋状挤出直径约5cm的面糊。

4. 面糊之间需间隔3cm左右的距离，并在
   表面撒上厚厚一层糖粉。

5. 放进预热180℃的烤箱中，烤12分钟，
   出炉待凉。食用前在两片饼干中间夹
   上榛果巧克力酱。

粗糖泡芙脆饼

　　刚烤好的泡芙总是带来满室的奶油香，酥脆的声音让人好想直接品尝，可谓是一件让人满足的事。其实泡芙面糊的制作方式特别，除了烤成又膨又圆的夹馅泡芙外，也能加工做成小巧可爱的粗糖脆饼。尤其刚出炉时，带点温度的松脆口感与送入嘴里的微甜滋味，让人忍不住一个接一个地想吃，真是过瘾。

分量：
约20个

材料：
鲜奶————————100g
无盐奶油————————40g
低筋面粉————————60g
全蛋————————2个
粗砂糖————————适量

做法：

1. 鲜奶与奶油置小锅中煮沸，加入低筋面粉，以打蛋器边搅边拌成团状，直到看见锅底出现薄膜时熄火。

2. 待面团稍微冷却后，分三至四次加入全蛋液，一次搅匀后，再加入下一次蛋液，一边搅拌一边斟酌蛋量，直至以汤匙舀起面糊时，呈现倒三角的片状为最佳状态。

1.与泡芙做法相同，蛋液在拌入时，必须分数次慢慢加，浓稠度刚好时（舀起面糊呈倒三角形），就可以不必再加蛋液了。

2.烤盘上的面糊与面糊之间，必须至少留2.5cm的空隙，受热膨胀后才不会相黏。

3.烘烤时先以高温定型，再转较低温烤至酥脆，因此得分两个阶段烘烤。

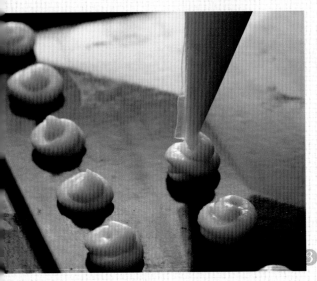

3.将面糊放进挤花袋中，挤出直径约1.5cm的圆球。

4.表面撒上粗砂糖，送进预热190℃的烤箱中，先烤20分钟定型，再转至170℃，烤5分钟至饼干酥脆。

伯爵巧克力塔

几年前外出游玩时，路上遇到这种所谓"红茶巧克力"供人试吃，不试还好，一试真令人惊讶。红茶与巧克力的味道互不抢戏，一入口浓厚的巧克力滋味扑鼻而来，在口中融化时，一阵阵红茶的芳香立即散布双颊，真是好有层次的味道。我因此在家试做了几次，搭配小巧可爱的塔皮，在松脆与柔软之间，将巧克力的特色发挥得淋漓尽致。

分量：

小塔模4～5个

材料：

〔塔皮〕

无盐奶油-----60g

细砂糖-------40g

全蛋---------30g

低筋面粉----150g

〔红茶巧克力馅〕

牛奶巧克力------75g

苦甜巧克力------50g

动物性鲜奶油--70g

伯爵红茶叶-----1大匙

无盐奶油-------10g

可可粉---------适量

〔爱心糖霜〕

糖粉-------100～120g

蛋白----------10g

食用红色色素---适量

做法：

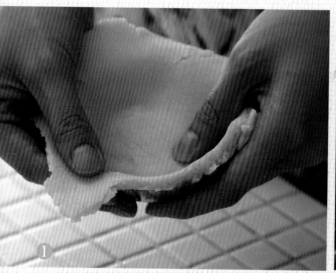

〔塔皮〕

1. 在塔模内涂一层薄薄的奶油，并撒上些许面粉以防粘黏。

2. 无盐奶油加入细砂糖，以搅拌器打发至蓬松，分次加入蛋液拌匀，再混入低筋面粉拌成团状，以保鲜膜包起来静置20分钟。

3. 将面团擀开成约0.3cm的面皮，分割适当大小，填入塔模中压平，将多余面皮裁切掉，放入预热190℃的烤箱中，约10～12分钟烤至酥脆上色。

这样做超简单

若使用边缘有凹凸纹路的塔模，记得一定要在塔模内涂上奶油，并撒上一层薄面粉，脱模时才能完整漂亮。

淇淇的成功Tips

牛奶巧克力与苦甜巧克力混合使用，让巧克力的甜味及苦味恰到好处。

〔红茶巧克力馅〕

1. 牛奶巧克力与苦甜巧克力切碎备用。

2. 将鲜奶油与红茶叶置小锅中煮沸，让茶色渗出，离火过滤掉茶叶。再将巧克力碎块与无盐奶油隔水加热，并加入红茶鲜奶油，趁热搅拌至融化。

3. 倒入烤好的塔皮中，冷藏约2小时凝固，取出撒上薄可可粉。

〔爱心糖霜〕

糖粉与蛋白混合，加入一滴食用色素拌成团状，擀成约0.3cm厚的面皮，再以爱心模或刀子切出图案，放在巧克力塔上方即可。

彩色巧克力豆饼干

　　还清楚记得小时候电视上的芝麻街(Sesame Street)卡通，教的是什么样的美语内容早已不重要，因为里头有一只又大又蓝的怪兽让我印象最深刻，它成天拿着彩色巧克力豆饼干，边吃边发出"姆啊～姆啊～"的声音，那模样好有趣，实在让人好奇巧克力豆饼干的味道。我以美式乡村饼干的做法尝试，只要简单的材料与面糊，随手烘烤就能OK！

分量：

约30片

材料：

无盐奶油----------125g	低筋面粉----------230g
细砂糖------------100g	泡打粉------------1/2小匙
全蛋--------------1个	彩色巧克力豆------100g

做法：

1. 软化的奶油与砂糖混合，先以搅拌器打发，呈变白蓬松状后，再分次加入全蛋液拌匀。

2. 再混入低筋面粉、泡打粉与彩色巧克力豆，轻轻拌成面团。

这样做超简单

1. 烤盘上的饼干面团必须厚薄一致，烤温受热才会均匀。

2. 刚出炉还有温度时饼干较软，待冷却后会变得酥脆，即可密封保存。

淇淇的成功Tips

彩色巧克力豆经过高温烘烤，外层的糖衣会裂开（但不会融化），面团里会渗入些许巧克力味，让饼干更好吃！

3. 取适量大小的面团搓圆，排在烤盘上。

4. 将圆面团以手掌压扁，送进预热180℃的烤箱中，烤约15～30分钟。

夏威夷雪球饼干

雪球饼干之所以有特色，是因为撒满了糖粉的成品，像极了雪地里的球堆，很浪漫，也很有诗情画意。独特的制作方式，不添加蛋，借由奶油打发包裹大量的空气，让饼干一口咬下，酥松香甜、入口即化，仿佛嘴里有融雪，令人回味。再加另一个惊喜——夏威夷果仁，特殊的坚果咬劲与香气，也让饼干变得更加弥足珍贵。

分量：
约35颗

材料：

无盐奶油----------130g   夏威夷果仁-------------适量
糖粉-------------50g   糖粉（装饰用）---------适量
低筋面粉----------200g

做法：

1. 夏威夷果仁先以100℃烘烤10分钟，至表面微黄、香味散出，冷却备用。

2. 将软化的无盐奶油与糖粉混合，以搅拌器打发呈蓬松羽绒状。

3. 加入低筋面粉拌成团，再搓成长条状，分成一份约10克的小面团。

这样做超简单

饼干出炉后，请立即裹上糖粉，
冷却后再筛去多余的糖粉，才能
成为美味的雪球饼干。

淇淇的成功Tips

夏威夷果仁烤过后，香
味、口感都会大大提升。

③

④

4. 每一小面团包裹一颗烤过的夏威夷果
   仁，搓圆排在烤盘上。

5. 送进预热170℃的烤箱中，烤15～20
   分钟，出炉后趁热裹上厚糖粉。

苏格兰肉桂奶油饼

英国苏格兰的街上，到处都在卖这种饼干，红黑格子纹的包装上，通常印着不同尺寸、大小、形状的饼干图片，有圆的、方的、长的、整片的或零散的，应有尽有。历史悠久的饼干不变的是那一股连英国皇室都自豪的味道，超浓郁的奶油香、甜而不腻的口味、酥松的口感，和意犹未尽的吮指回味，若真的置身在苏格兰，我想我每天都会沉醉在这种浓浓饼香的氛围里。

分量:
12～15块

材料:

无盐奶油----------120g

细砂糖----------70g

低筋面粉----------150g

玉米粉----------50g

肉桂粉----------1/4小匙

做法:

1. 软化的无盐奶油与细砂糖混合，以搅拌器打发至蓬松，颜色变白。

2. 加入低筋面粉、玉米粉与肉桂粉拌成团状。

3. 将面团放入保鲜袋中，以擀面棍擀成约0.8～1cm厚的面皮，连同保鲜袋一起放入冰箱冷藏1小时。

这样做超简单

冰过的面团质地会变硬，较易于切割，如此饼干的形状才会漂亮。

淇淇的成功Tips
肉桂粉有为苏格兰奶油饼提味的作用，可以接受这个味道的话，请一定要添加喔！

4.将面团取出，切割成长条形块状。

5.排在烤盘上，用筷子于长方形面团表面戳几个孔，然后送进预热180℃的烤箱中，烤25～30分钟。

红宝石饼干

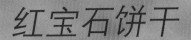

　　这是一次我为烘焙展示设计的饼干，别看现场设备齐全，但要考虑的问题仍然很多，如过程必须简洁、成品不需冷藏、出炉就能吃、能直接压模烘烤等条件，简直让我在饼干的配方比例上伤透脑筋。一般的饼干面团大多需要冷藏冻硬后再塑形，红宝石饼干却能一气呵成，从材料到成品，每个过程既简单又易学，可以说是"第一次就上手"的点心喔！

分量:
18～20片

材料:

无盐奶油－－－－－－－－－－100g

糖粉－－－－－－－－－－－－80g

蛋黄－－－－－－－－－－－－2个

低筋面粉－－－－－－－－－－225g

蔓越莓干－－－－－－－－－－40g

做法:

1. 蔓越莓干切碎或剪碎，备用。

2. 奶油在室温软化后，加入糖粉，以搅拌器打成蓬松变白成乳霜状。

3. 分次加入蛋黄搅拌均匀，再拌入切碎的蔓越莓干。

这样做超简单

蔓越莓干必须剪成小碎粒，才不会影响成品的形状，口感也比较好。

4. 加入低筋面粉拌成团状，放置桌面上擀成约3～4毫米厚的面皮。

5. 以饼干模压出图案，排在烤盘上，送进预热170℃的烤箱，烤约15分钟。

PART 4

甜甜圈、泡芙
巧克力、面包

冬藏，万物丰收

团圆时刻，共享巧克力的浓郁

简单的欢乐唾手可得……

奶茶核桃甜甜圈

　　我爱吃这种类似蛋糕口感的甜甜圈，味道香甜又浓厚，扎实的嚼劲好有满足感。自从连锁甜甜圈店逐渐出现在生活周遭，我才讶异甜甜圈种类的千变万化，从外观到内在、夹馅的或不夹馅的，应有尽有。其中这类蛋糕甜甜圈样式虽纯朴，口味变化不大，却最能让人感受到简单的油炸原味，核桃的爽脆口感与奶茶的香浓，我想谁也抵挡不了。

分量：

约6～8个

材料：

红茶茶包-----------1包

鲜奶-------------70g

全蛋-------------1个

细砂糖-----------40g

无盐奶油（融化）--25g

低筋面粉-----------220g

泡打粉-----------1大匙

碎胡桃-----------80g

糖粉（沾裹用）----适量

做法：

1. 红茶茶包加上鲜奶，以微波炉加热一分钟至温热、茶色渗出，再将茶包取出，备用。

2. 全蛋打散，再依序加入细砂糖、融化奶油、做法1.的红茶牛奶、低筋面粉、泡打粉与碎核桃拌成团状，以保鲜膜覆盖，室温静置20分钟。

3. 取出面团，擀成厚度约1厘米的面皮。

1. 做法1.也可将鲜奶煮沸，再加入茶包浸泡，让茶香及茶色释出。
2. 静置醒面可让面团松弛，油炸时才不会紧缩变形。
3. 油锅先预热再油炸，甜甜圈才不会吸取过多的油分。

4. 以甜甜圈模或小圆饼干模压印后，放置醒面10分钟。

5. 准备油锅，加热至以竹筷插入底部会冒出小泡的程度，转中小火，放入面团炸至两面金黄，起锅后趁热裹上糖粉。

淇淇的成功Tips

一定要加入碎核桃，香脆的口感，跟甜甜圈简直是绝配！

原味生巧克力

　　用"入口即化"来形容生巧克力一点也不为过。生巧克力多半存放在冷冻厢或冷藏库里，这样才能使巧克力保持最新鲜、最浓醇的原味。自低温取出放置室温约2分钟，再入口品尝，半软的质地与溢出的巧克力味恰到好处，每一口都像是刚好融化在微热的口腔中，一股脑儿的幸福感全扩散开来，我想这就是巧克力的魔力。

分量:
约可切成20小块

材料:
苦甜巧克力------------200g
牛奶巧克力------------100g
动物性鲜奶油----------90g

蜂蜜----------2小匙
可可粉--------适量

做法:

1. 在干净容器底部铺上一层保鲜膜备用。

2. 苦甜巧克力与牛奶巧克力混合切碎。

3. 将巧克力与鲜奶油、蜂蜜放置小碗中，隔水加热拌至融化，呈均匀液状。

因成分中含有鲜奶油，
制作完成后，请冷藏或
冷冻保存。

淇淇的成功Tips

苦甜巧克力与牛奶巧克力
以2：1的比例，最能显现
出巧克力迷人的风味喔！

4. 趁温热倒入方形容器中，待凉放
入冰箱冷冻至凝固

5. 取出切成小块，并粘裹可可粉即可。

核桃肉桂卷

　　甜面包里我最爱的就是这一款了。以前我并不喜欢闻起来气味强烈的肉桂，但偏偏遇到肉桂卷后，我就被征服了！我总是到面包店里寻找肉桂卷的身影，品尝每个融入当地文化特色的味道，有软的硬的、加核桃或葡萄干的、浓浓肉桂味或没肉桂味的……还真是有趣。试试以松粉制作的肉桂卷吧！

分量：
7寸固定或脱底圆模1个

材料：

松饼粉－－－－－－－－－－－200g

原味酸奶－－－－－－－－－－90g

无盐奶油（融化）－－－15g

肉桂粉－－－－－－－－－1大匙

细砂糖－－－－－－－－－2大匙

碎核桃－－－－－－－－－60g

做法：

1. 先剪一张与模型底部大小相同的圆形烘焙纸铺在模底，方便出炉时脱模。

2. 松饼粉与酸奶混合揉成团状，再加入融化奶油揉匀，以保鲜膜覆盖静置30分钟。

3. 擀开成厚度约5～10毫米的长方形面皮，将肉桂粉、细砂糖混合后，均匀涂抹在面皮上。

1.卷面皮时，可以在卷好的接缝处蘸一点水稍微黏合，比较不容易散开。

2.切面团的刀尽量选锋利一点的，切面才会漂亮喔!

淇淇的成功Tips

肉桂粉独特的香味，与核桃的爽脆非常对味，让原本排斥肉桂味道的人，也会不自觉地爱上肉桂卷。

③

④

4.撒上适量碎核桃，由内向外卷起。

5.用刀将长面团平均切成八等份，切面朝上，排在蛋糕模内，放入预热180℃的烤箱中，烤约20分钟。

椰香杏桃巧克力

　　有一回我在构思创意年糖，看到时下流行的生巧克力，给了我不断涌出的灵感，何不将黑巧克力换成白巧克力、将外层沾裹的可可粉改为椰子粉，再将增加口感的核桃换成清爽香甜的杏桃干？抱着半实验性的想法，我大胆依葫芦画瓢。果不其然，一颗颗又方又正的小白方块，像极了雪地里的瑰宝，Q软又带点嚼劲的口感，清爽又不甜腻的味道，真是棒极了！

分量：
约25块

材料：

白巧克力----------150g	白兰地酒----------2小匙
无盐奶油----------25g	杏桃干----------50g
动物性鲜奶油------50g	椰子粉----------适量

做法：

1. 杏桃干泡水20分钟，沥干切碎备用。

2. 将白巧克力切碎，与无盐奶油、鲜奶油混合，隔水加热融化成滑顺液状。

1.如果不喜欢酒味，白兰地酒可以不加，其他材料分量皆不变。

2.此道点心需要冷藏保存，冷冻后品尝，口感也很特别！

淇淇的成功Tips

杏桃干带有一股水果清甜，最适合搭配奶香味十足的白巧克力，两者是天生一对呢！

3.加入白兰地酒与做法1.的切碎杏桃干。

4.容器内先铺一层保鲜膜，倒入巧克力液，冷藏约2小时至凝固，取出切小块，再于外层粘裹椰子粉。

抹茶白芝麻泡芙

当泡芙抹了一身绿，白芝麻香悄悄胞进柔软的卡士达酱里，绿与白相间的美感衬映出流泻而下的日式禅味，近似于日式和果子的绝妙搭配，意外地将优雅带进泡芙中。酥脆的外层带点茶香，芝麻酱则提出浓郁不绝的口感，这么难得的组合，应该连最后一小口都舍不得放过吧！

分量:
约12个

材料:

无盐奶油——————60g	杏仁碎——————适量	低筋面粉——————10g
清水——————100g	〔白芝麻卡士达酱〕	白芝麻酱——————30g
低筋面粉——————70g	蛋黄——————3个	熟白芝麻——————适量
抹茶粉——————1/2小匙	细砂糖——————70g	糖粉——————适量
全蛋——————3个	鲜奶——————200g	

做法:

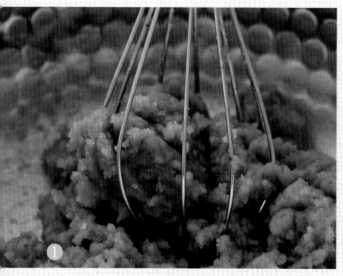

1. 无盐奶油与清水置小锅中煮沸,加入低筋面粉及抹茶粉,以打蛋器边搅边拌成团状,直到看见锅底出现薄膜时熄火。

2. 待面团稍微冷却后,分三至四次加入全蛋液,一次搅匀后,再加入下一次蛋液,调成以汤匙舀起面糊时,会呈现倒三角形的浓稠度。

3. 将面糊放进挤花袋中,挤出直径约5厘米高的圆锥形。

这样做超简单

1. 烤泡芙面糊时，中途应尽量避免打开烤箱，因温度降低容易造成泡芙膨胀不全。
2. 制作卡士达酱必须以小火慢煮，并全程搅拌，以防焦底。

4. 表面撒少许杏仁碎，放入预热200℃的烤箱中，先烤20分钟，再转170℃，烤10分钟左右，取出待凉。

〔白芝麻卡士达酱〕

1. 将蛋黄、细砂糖、鲜奶及低筋面粉混合，置小锅中以小火边煮边搅拌至锅边冒小泡，呈均匀浓稠状，离火。

2. 加入白芝麻酱及适量熟白芝麻拌匀，夹入抹茶泡芙中，表面撒上少许糖粉装饰。

葡萄英式司康

　　蓬松的司康刚出炉，阵阵葡萄香扑鼻而来，时光好似回溯到传统英国富贵人家的下午茶，边撕着司康边啜饮一小口红茶的场景。香气逼人的司康带着浓郁的面粉香与一点饱足感，外酥内软的嚼劲，加上特别的紫葡萄酱，足以消磨一整个悠闲的午后。连现代英国人的生活，也都少不了它呢！

分量：

7～8个

材料：

糖粉	60g	葡萄干	40g
低筋面粉	250g	蛋黄（涂表面用）	1个
泡打粉	1大匙	〔葡萄果酱〕	
无盐奶油	60g	葡萄汁	200g
葡萄汁	55g	玉米粉	25g

做法：

1. 糖粉、低筋面粉与泡打粉在大碗中混合，加入软化的无盐奶油搓揉成粗粉粒状。

2. 加入葡萄汁与葡萄干，拌成均匀的面团，以保鲜膜覆盖，静置松弛20分钟。

1.粉类材料加入软化奶油后，必须均匀搓揉，让面粉与奶油充分混合，烤出来的成品才会比较有层次感。

2.压模时，可在模型或杯口粘一些面粉再压印，比较不会粘黏。

淇淇的成功Tips

搭配葡萄司康一定要试试夹入葡萄果酱，做法与材料都非常简单，却美味得惊人！

3.在桌上撒点面粉，将面团擀成约15毫米厚度的面皮。

〔葡萄果酱〕

将葡萄汁与玉米粉混合，以小火边搅拌边煮至浓稠状即可。

4.以圆模或圆杯口压印出形状，排在烤盘上。

5.表面涂上蛋黄液，再放进预热180℃的烤箱中，烤15～20分钟。

早安面包

如果只用松饼粉做松饼、烤蛋糕，就太小看这一项有趣的材料了。用手搓搓揉揉，松饼粉也可以成为早晨餐桌上的主角。切几片可口的松饼面包，抹上最爱的果酱或奶酪，再配一杯新鲜果汁，营养满分的今天，不仅朝气蓬勃，也补充了一天的活力。在享用晨光早餐时，别忘了一边品尝面包，一边互道："Good Morning"！

分量：

1个

材料：

松饼粉－－－－－－－－－－200g

酸奶－－－－－－－－－－90g

橄榄油－－－－－－－－－1小匙

葡萄干－－－－－－－－－50g

做法：

1. 松饼粉与酸奶混合拌成团状，再加入橄榄油操匀。

2. 将葡萄干拌入面团中。

淇淇的
超简单幸福甜点

这样做超简单

1. 加入橄榄油能让面团光滑有弹性，口感较不干涩。

2. 面团不要做得太厚，扁圆形的面团容易熟，也比较好切片。

淇淇的成功Tips

酸奶中的乳酸菌能活化面团组织，帮助面包膨发，一定要添加喔！

3. 整形成圆团状，并在表面撒上一层薄薄的松饼粉，放置烤盘上。

4. 表面画2～3道浅刀痕，送入预热180℃的烤箱中，烤约30分钟至膨胀呈金黄色。